Tarek Saidani
Mohammed RASHEED
Habiba Aity

ELECTROSTÁTICO

Tarek Saidani
Mohammed RASHEED
Habiba Aity

ELECTROSTÁTICO

ScienciaScripts

Imprint
Any brand names and product names mentioned in this book are subject to trademark, brand or patent protection and are trademarks or registered trademarks of their respective holders. The use of brand names, product names, common names, trade names, product descriptions etc. even without a particular marking in this work is in no way to be construed to mean that such names may be regarded as unrestricted in respect of trademark and brand protection legislation and could thus be used by anyone.

Cover image: www.ingimage.com

This book is a translation from the original published under ISBN 978-620-6-70410-2.

Publisher:
Sciencia Scripts
is a trademark of
Dodo Books Indian Ocean Ltd. and OmniScriptum S.R.L publishing group

120 High Road, East Finchley, London, N2 9ED, United Kingdom
Str. Armeneasca 28/1, office 1, Chisinau MD-2012, Republic of Moldova, Europe
Managing Directors: Ieva Konstantinova, Victoria Ursu
info@omniscriptum.com

Printed at: see last page
ISBN: 978-620-8-59845-7

Índice

Prefácio

Esta cartilha é dirigida aos alunos do primeiro ano do sistema Áreas LMD, Ciência e Tecnologia (ST) e Ciências dos Materiais (SM), segundo semestre do o ano letivo.

Este trabalho inclui um lembrete de cursos de eletrostática, exercícios com respostas, reúne as noções fundamentais da eletrostática, nas quais estudamos os conceitos, fenômenos e leis reservados à eletricidade de cargas localmente "imóveis".

Um lembrete de curso termina com exercícios bem escolhidos, seguidos de correções detalhadas para permitir que os usuários deste documento entendam claramente os conceitos introduzidos na parte que contém o lembrete de curso.

Na verdade, esperamos que este livreto possa fornecer aos nossos alunos uma boa base e preparar o terreno para o futuro.

Por fim, receberemos quaisquer comentários e sugestões de usuários, colegas professores e também de alunos.

1. Cargas e campos eletrostáticos

1.1. Eletrificação

O fenômeno da eletrificação é a produção de eletricidade durante a interação entre duas cargas elétricas (partículas) localizadas no espaço.

Estas partículas são classificadas em duas categorias: isolantes ou dielétricos (vidro, náilon, plástico, ebonite, etc.) e condutores (terra, corpo humano, metais, água).

Existem dois tipos de eletrificação, positiva e negativa. Um corpo não eletrificado (carregado) é considerado neutro [1].

- Quando os dois corpos são da mesma natureza, eles se repelem. Há repulsão (figura 1).
- Quando os dois corpos são de natureza diferente, eles se atraem. Há atração (figura 1).

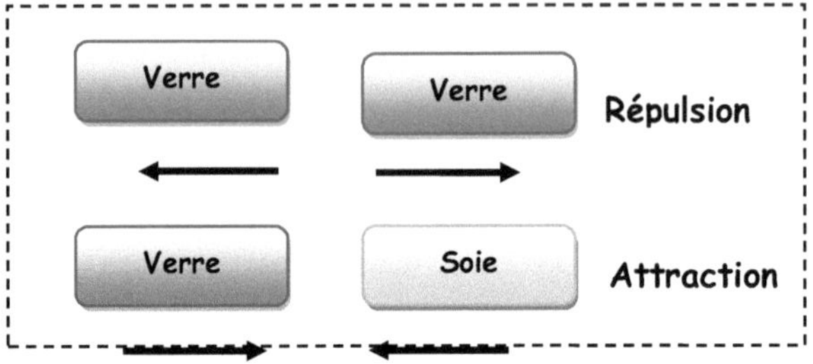

Figura 1. Eletrificação

1.2. Meios de eletrificação

- Eletrificação por fricção: Os elétrons são arrancados do corpo neutro atritado e então transferidos para o segundo corpo que se torna eletrificado positivamente (vidro, seda, madeira, pêlo de coelho, pêlo de gato, mica, enxofre, âmbar, resina, ebonita, celulóide) [1].
- Eletrificação por contato com corpo já eletrificado: Um corpo eletrificado por atrito (vidro) é aproximado de outro corpo neutro (bola de poliestireno envolvida por um material condutor) até que o contato seja feito. Pela interação, os dois corpos (o vidro e a bola) ficarão carregados com eletricidade de mesmo sinal e se repelirão. Isso resulta em repulsão [1].

- Eletrificação por influência: O corpo eletrificado (vidro) é aproximado do segundo corpo inicialmente neutro (a bola), sem tocá-lo. O segundo corpo (bola) é atraído pelo primeiro corpo (vidro) por influência.
- Eletrificação por gerador: Um gerador elétrico possui cargas positivas em um dos terminais e cargas negativas no outro terminal, se um dos terminais for conectado através de um fio metálico a um corpo inicialmente neutro, este corpo fica eletrificado.

2. Força eletrostática

2.1. Lei de Coulomb

Considere duas cargas pontuais idênticas q_1e $q_2$separadas por uma distância “r”. Cada uma das cargas exerce sobre a outra uma força de interação eletrostática proporcional proposta pela lei de Coulomb por analogia com a lei da gravitação universal de Newton (figura I.2) [1].

$$\overrightarrow{F_{1/2}} = k\,\frac{q_1 q_2}{r^2}\,\overrightarrow{U_{1/2}}$$

Com $k = \frac{1}{4\pi\varepsilon_0} = 9.10^9\ Nm/c^2$

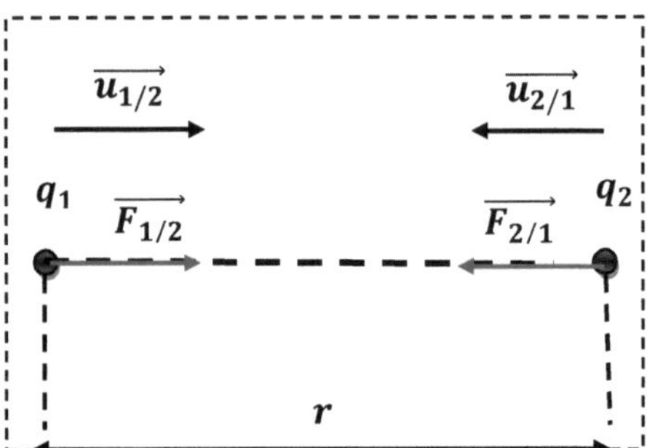

Figura 2. Representação vetorial da força eletrostática

2.1. 1. Propriedades da força

- Um módulo : $K\frac{|q_1|.|q_2|}{r^2}$
- Uma direção: direita que passa pelas duas cargas.
- Um significado:
  - $+q_1.+q_2>0$ (repulsão) (ver figura I.1)
  - $-q_1.+q_2<0$ (atração)
  - $-q_1.-q_2>0$ (repulsão)
- Princípio de ação e reação : $\overrightarrow{F_{1/2}} = -\overrightarrow{F_{2/1}}$
- A carga do elétron: $qe^- = -1{,}6 \cdot 10^{-19}C$

2.2. Campos elétricos

O campo elétrico é definido pela região do espaço onde qualquer partícula está sujeita à ação de uma força elétrica [2].

- Caso da partícula de massa m: está sujeita à força gravitacional (seu peso): $\vec{p} = m.\vec{g}$

- Caso da partícula de carga q: está sujeita à força elétrica:

$\vec{F} = q.\vec{E}$, com $\vec{E} = k.\frac{q_1}{r^2}.\vec{u}$ (O campo criado pela carga q a uma distância r segue a direção de $\vec{u}$).

2.2.1. Campo elétrico criado por uma carga pontual

Uma carga elétrica pontual no ponto O cria no ponto M a uma distância r o vetor campo elétrico $\vec{E}$. A expressão para $\vec{E}$é dada pela seguinte fórmula:

$$\vec{E}(M) = k\frac{q}{r^2}\vec{u}$$

O campo elétrico se move da carga positiva para uma carga negativa ou para o infinito.

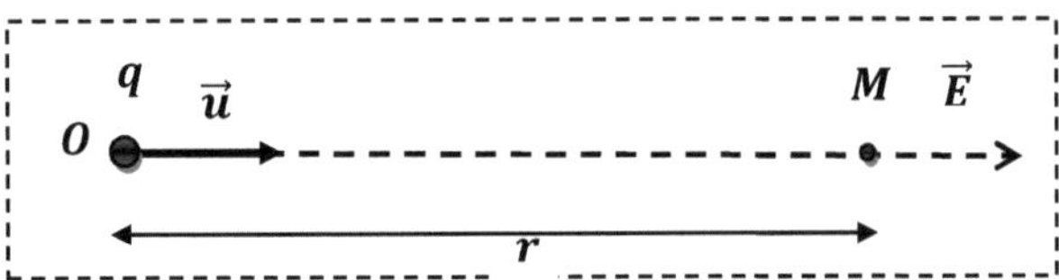

Figura 3. Representação vetorial do campo eletrostático

2.2.2. Campo elétrico criado por um conjunto de cargas pontuais (princípio da superposição)

cargas pontuais q_1e $q_2$distantes $r_1$conforme $r_2$indicado na Figura 4.

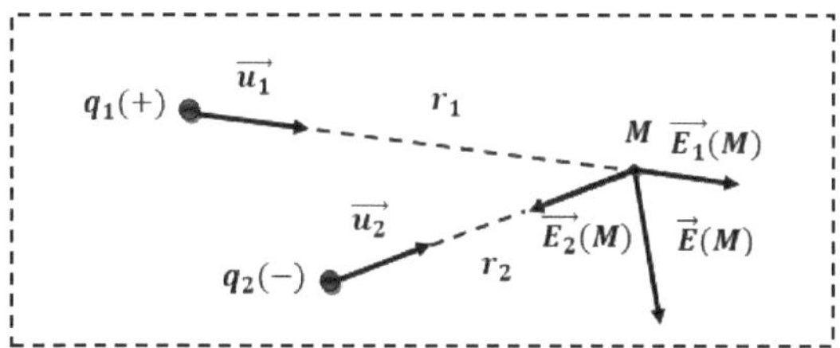

Figura 4. Princípio da superposição

O campo $\vec{E}$*criado* em um ponto M pelas duas cargas pontuais é a soma dos dois campos $\overrightarrow{E_1}$(M) e $\overrightarrow{E_2}(M)$criado por cada uma das cargas q_1e q_2. A expressão para $\vec{E}(M)$é dada pela seguinte fórmula:

$$\vec{E}(M) = \overrightarrow{E_1}(M) + \overrightarrow{E_2}(M) = k\frac{q_1}{r_1^2}\overrightarrow{u_1} + k\frac{q_2}{r_2^2}\overrightarrow{u_2}$$

Caso de n cargas pontuais q_1, q_2, q_3, ... q_n:

$$\vec{E} = \sum_{i=1}^{n} k\frac{q_i}{r_i^2}\overrightarrow{u_i}$$

2.2.3. Campo criado por uma distribuição contínua de cargas

Considere um conjunto de cargas q $_i$ distribuídas por um elemento. Cada carga dq localizada neste elemento cria um campo elementar.

- Em um fio de comprimento dl com densidade linear λ, (figura 5.a) dq = λ dl.

$$\vec{E} = \frac{1}{4\pi\varepsilon_0}\int \frac{\lambda\, dl}{r^2}\vec{u}$$

- Em uma superfície carregada com densidade superficial σ, (figura 5.b) dq = σ dS .

$$\vec{E} = \frac{1}{4\pi\varepsilon_0}\iint \frac{\sigma\, ds}{r^2}\vec{u}$$

- Em um volume V carregado com uma densidade de volume ρ, (figura 5.c) dq = ρ dV .

$$\vec{E} = \frac{1}{4\pi\varepsilon_0}\iiint \frac{\rho\, dv}{r^2}\vec{u}$$

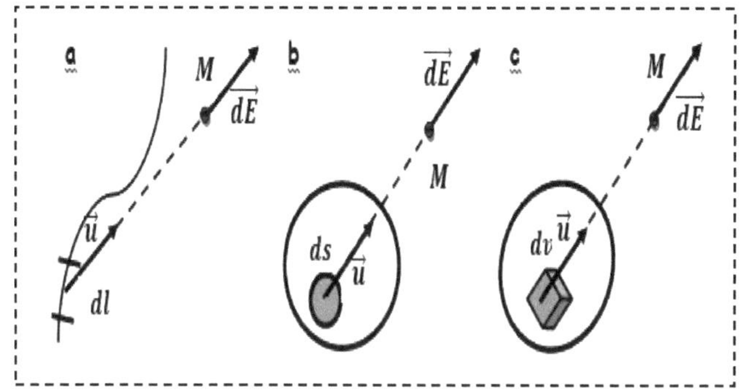

Figura 5. Distribuição contínua de carga

2.3. Potencial elétrico

Uma carga q, colocada em um ponto M criando um vetor campo elétrico $\vec{E}$ a partir de seu deslocamento elementar $\overline{dl}$, tem energia potencial *Ep = qV [2]*. O campo eletrostático $\vec{E}$ deriva de um potencial escalar:$\vec{E}.\overline{dl} = -dv$

O potencial elétrico está escrito:

$$\boldsymbol{v = \frac{1}{4\pi\varepsilon_0}.\frac{q}{r} + cte}$$

- n cargas pontuais $q_1, q_2, q_3, \ldots\ldots\ q_n$:$\boldsymbol{v = \sum_{i=1}^{n} k\frac{q_i}{r} + cte}$
- distribuição contínua de cargas distribuídas linearmente

$$\boldsymbol{v = k\int_l \lambda\frac{dl}{r} + cte}$$

- distribuição contínua de cargas distribuídas na superfície

$$\boldsymbol{v = k \iint_s \sigma \frac{ds}{r} + cte}$$

- distribuição contínua de cargas distribuídas em volume

$$\boldsymbol{v = k \iiint_v \rho \frac{dv}{r} + cte}$$

2.4. Transição do campo para o potencial e do potencial para o campo

Em qualquer ponto M(x, y, z) no espaço, ele é combinado com duas funções, vetorial (O campo $\vec{E} = \vec{E}(x, y, z)$) e escalar V = $V(x, y, z)$.

É dado:

$$-dv = \overline{\mathrm{E}}.\overline{\mathrm{dl}} = \mathrm{E_X\,dx + E_y\,dy + E_z\,dz}$$

Sabendo disso:

$$dv = \frac{\partial v}{\partial x}\,\partial x + \frac{\partial v}{\partial y}\,\partial y + \frac{\partial v}{\partial z}\,\partial z$$

Por identificação:

$$E_X = \frac{\partial v}{-\partial x}, E_y = \frac{\partial v}{-\partial y}, \qquad E_z = \frac{\partial v}{-\partial z}$$

Nós escrevemos:

$$\boldsymbol{\vec{E} = -\overline{grad v}}$$

2.5. Linhas de campo e equipotenciais

As linhas de campo (ou força) são curvas tangentes ao vetor campo em cada ponto (ver figura 6): os tubos de força são conjuntos de linhas de campo que passam por todos os pontos de uma curva [3].

- A orientação das linhas segue a do campo elétrico.
- A linha de campo é orientada do potencial mais alto para o potencial mais baixo.
- O campo elétrico é mais intenso onde os equipotenciais são mais estreitos.
- Linhas e superfícies equipotenciais são o local geométrico de pontos de potencial comum.
- Uma das propriedades das linhas de campo é que as linhas de campo são perpendiculares aos equipotenciais (Figura 7).

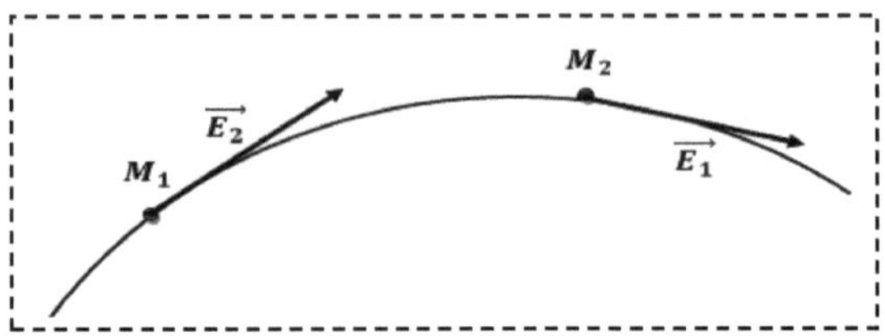

Figura 6. Linha de campo eletrostático

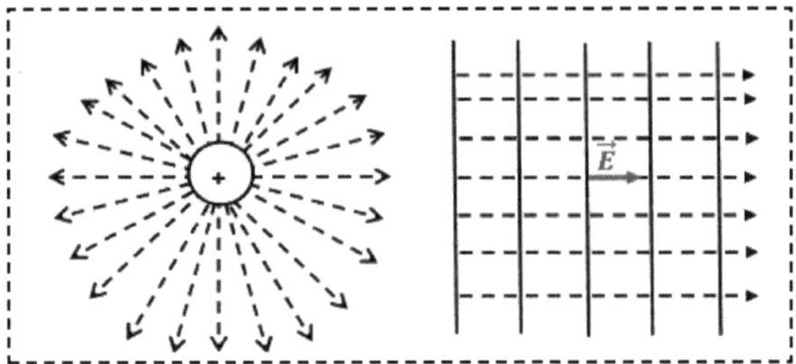

Figura 7. Direções das Linhas de Campo Eletrostático

- Se a carga Q for positiva (+), o campo é direcionado da carga para fora (figura I.7).
- Se a carga Q for negativa (-), o campo é direcionado de fora para a carga.

3. Trabalho e Energia

3.1. Trabalho de força elétrica

Colocamos uma carga elétrica q em um ponto do espaço onde reina um campo elétrico $\vec{E}$. Ela é então submetida à ação de uma força elétrica:

$$\vec{F} = q\,\vec{E}$$

O trabalho desta força durante um movimento elementar $\overline{\mathrm{dl}}$é:

$$dW = \overrightarrow{F}.\overrightarrow{dl}$$

Durante uma jornada AB, temos:

$$W = \int_{B}^{A} \vec{F}.\overrightarrow{dl}$$

Qualquer :

$$\boldsymbol{W_B^A = q\,(V_A - V_B)}$$

3.2. Energia potencial

A energia potencial de uma carga pontual colocada em um campo externo é definida como o trabalho da força eletrostática que atua sobre a carga, para um deslocamento desta do ponto M, onde está localizada e onde o potencial é V_M, em um ponto de referência R, onde a carga não está mais sujeita à ação do campo externo. Neste ponto, o potencial é zero: VR = 0,

Qualquer:

$$E_p(M) = \int_M^R \vec{F}.\overrightarrow{dl} = q\int_M^R \vec{F}.\overrightarrow{dl} = q(V_M - V_r)$$

Portanto :

$$\boldsymbol{E_p(M) = qV_M}$$

A força de Coulomb é, portanto, conservativa e o seu trabalho entre dois pontos quaisquer não depende da trajetória seguida. Deriva de uma energia potencial $E_p(M) = qV_M + cte$ e escrevemos:

$$\boldsymbol{-dE_p(M) = \vec{F}.\overrightarrow{dl}}$$

3.3. Energia interna de uma distribuição de cargas elétricas

Que haja duas acusaçõesq_1 Eq_2 colocados respectivamente nos pontosM_1 EM_2 distante de M_1M_2= r_{12}. Para definir a energia interna do sistema das duas cargas, assumimos que a cargaq_1 colocado emM_1 é fixo e a cargaq_2 se aproxima deM_2 de uma posição infinitamente distante.

O trabalho que um operador teria que realizar para aproximar a carga $q_2$sem variação na M_2energia cinética é dado por:

$$W_{op} = \int_{\infty}^{M_2} \overrightarrow{F_{OP}}.\overrightarrow{dl} = -\int_{\infty}^{M_2} \overrightarrow{F_{1/_2}}.\overrightarrow{dl} = q_2 \int_{\infty}^{M_2} \overrightarrow{E_1}.\overrightarrow{dl}$$

$\overrightarrow{F_{1/_2}}$ é a força eletrostática exercida pela carga q $_1$ sobre a carga q_2. Seja então a expressão da energia interna do sistema das duas cargas q_1e q_2:

$$\boldsymbol{U = W_{op} = q_2.V_1 = K\frac{q_1q_2}{r_{12}}}$$

4. Dipolo elétrico

O arranjo de duas cargas pontuais idênticas de sinais diferentes forma um dipolo elétrico (figura 8) [3]. Um dipolo é caracterizado pelo seu momento de dipolo elétrico ou momento elétrico:

$$\vec{P} = q.\vec{a}$$

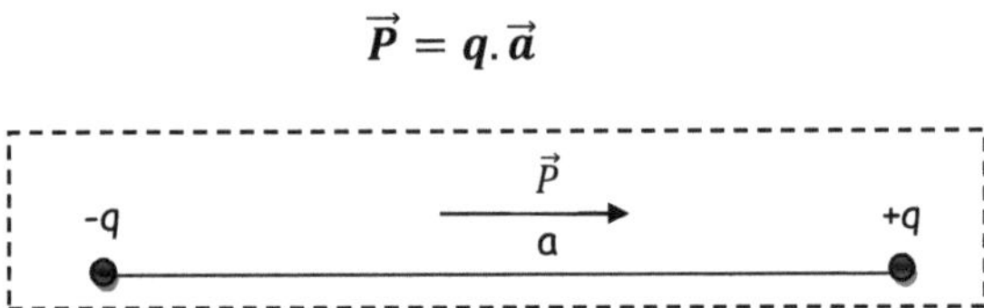

Figura 8. Momento de dipolo elétrico

Este arranjo aparece em certas moléculas, como : HCl , H_2O, CO, etc… conforme mostrado na figura abaixo.

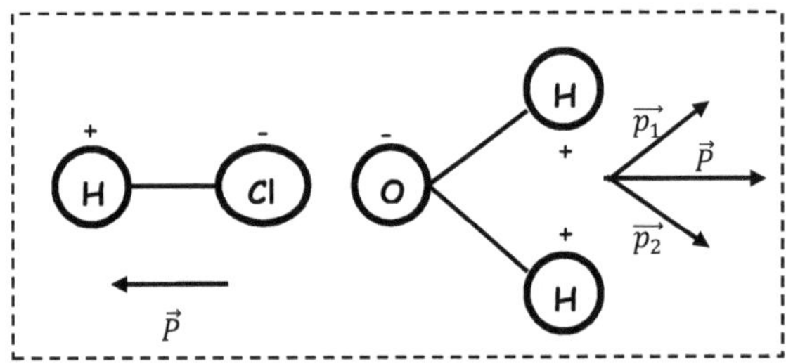

Figura 9. Momento de dipolo elétrico

4.1. Potencial criado por um dipolo

O potencial no ponto M devido ao dipolo (figura 10) é dado por:

$$v = k\left(\frac{q}{r_1} - \frac{q}{r_2}\right) = k.q(\frac{r_2 - r_1}{r_1 r_2})$$

Se a distância r for grande comparada a a, teremos:

$$r_2 - r_1 = a.cos\theta \; et \; r_1 r_2 = r^2$$

E teremos:

$$\boldsymbol{v = k.q.u\frac{cos\theta}{r_2} = k.p\frac{cos\theta}{r_2}}$$

4.2. Campo elétrico criado por um dipolo

A relação entre campo e potencial é:

$$dv = -\vec{E}.\overrightarrow{dl}$$

O gradiente de uma função f é escrito:

- Em coordenadas cartesianas: $\overrightarrow{grad}f = \frac{\partial f}{\partial x}\vec{\imath} + \frac{\partial f}{\partial y}\vec{\jmath} + \frac{\partial f}{\partial z}\vec{k}$
- Em coordenadas polares: $\overrightarrow{grad}f = \frac{\partial f}{\partial r}\overrightarrow{e_r} + \frac{1}{r}\frac{\partial f}{\partial \theta}\overrightarrow{e_\theta}$

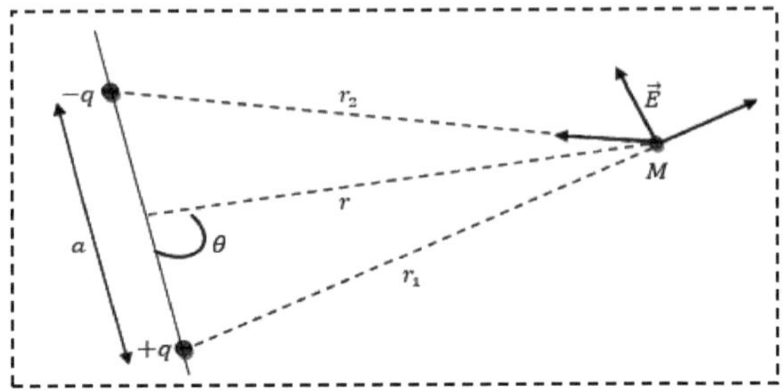

Figura 10. Campo elétrico criado por um dipolo elétrico

Com :

$$\vec{E}\begin{cases}E_r\\E_\theta\end{cases} et\ \overrightarrow{dl}\begin{cases}dl_r = d_r\\dl_\theta = r.d_\theta\end{cases}$$

$$dv = -\vec{E}.\overrightarrow{dl}$$

$$\Rightarrow\begin{cases}dv = -(E_r.d_r + E_\theta.d_\theta)\\dv = \frac{\partial v}{\partial r}d_r + \frac{\partial v}{\partial_\theta}d_\theta\end{cases}$$

Por determinação, obtemos:

$$\vec{E}\begin{cases}E_r = -\frac{\partial v}{\partial r}\\E_\theta = -\frac{1}{r}.\frac{\partial v}{\partial_\theta}\end{cases} \text{E}\ v = k.p\frac{cos\theta}{r_2}$$

$$\Rightarrow\begin{cases}\boldsymbol{E_r = -\frac{\partial v}{\partial r} = \frac{2k.p.cos\theta}{r^3}}\\\boldsymbol{E_\theta = -\frac{1}{r}.\frac{\partial v}{\partial_\theta} = \frac{k.p.sin\theta}{r^3}}\end{cases}$$

5. Fluxo de campo elétrico: teorema de Gauss

5.1. Representação de uma superfície

Uma superfície S é decomposta em pequenos elementos dS ; representados em vetores e direcionados em uma direção arbitrária que será preservada para todos os elementos da superfície S (figura 11) [4].

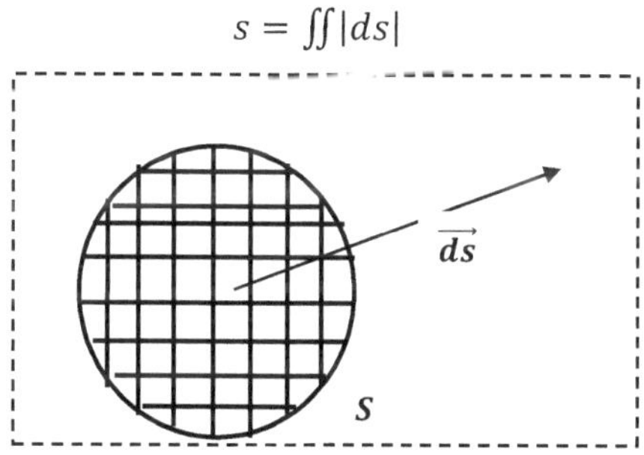

Figura 11. Representação de uma superfície

5.2. Fluxo do vetor de campo eletrostático através de uma superfície

Chamamos o fluxo elementar $d\Phi$ do vetor $\vec{E}$ através da superfície dS a quantidade escalar definida como segue:

$$d\Phi = \vec{E}.\overrightarrow{ds} = E.ds.cos\theta$$

O fluxo global através da superfície S é obtido por integração:

$$\boldsymbol{\Phi} = \iint \vec{\boldsymbol{E}}.\overrightarrow{\boldsymbol{ds}}$$

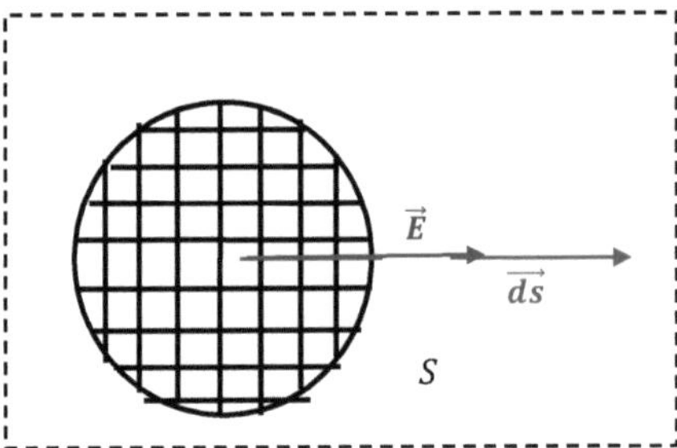

Figura 12. Fluxo $\vec{E}$através da superfície S

5.3. Vetor de excitação ou deslocamento elétrico

Maxwell introduziu um vetor no eletromagnetismo $\vec{D}$que chamou de deslocamento elétrico (excitação elétrica). Isto está ligado ao campo elétrico pela expressão:

$$\vec{D} = \varepsilon.\vec{E}$$

No caso particular do vazio, a expressão anterior passa a ser:

$$\vec{D} = \varepsilon_0.\vec{E}$$

5.4. Teorema de Gauss

O fluxo do vetor de deslocamento elétrico através de uma superfície fechada S circundando as cargas Qi é igual à soma dessas cargas.

$$\oiint \vec{D}.\overrightarrow{ds} = \sum_{i-1}^{n} Q_i$$

No caso particular do vácuo, o fluxo do campo elétrico através de uma superfície fechada envolvendo cargas Qi é:

$$\oiint \vec{E}.\overrightarrow{ds} = \sum_{i=1}^{n} \frac{Q_i}{\varepsilon_0}$$

Exercício 1:

Esfregamos seda com um copo. Durante o processo, são 40 10^{12}elétrons que passarão do vidro para a seda. Antes do processo, a seda e o vidro são considerados neutros. Quanta carga o vidro e a seda carregam após o processo?

Dados: A carga elétrica de um elétron é e = -1,602. 10^{-19}c.

Exercício de solução 1:

Durante o atrito , n elétrons passarão do vidro para a seda, n = 40 10^{12}.

Antes do processo , a seda e o vidro são considerados neutros:

$q_v = q_s = 0\ C;$

A carga total: $Q_T = q_v + q_s = 0\ C$

Após o processo , os novos enchimentos da seda e do vidro são: q'_ve q'_s;

A carga total: $Q'_T = q'_v + q'_s$

O sistema (vidro + seda) é isolado para que a carga total seja preservada:

$$Q'_T = Q_T \Rightarrow q'_v + q'_s = 0$$

$$\Rightarrow q'_s = -q'_v = n.e$$

$$\Rightarrow \boldsymbol{q'_s = n.e = -64.10^{-7}\ C}$$

E

$$\boldsymbol{q'_v = -q'_s = 64.10^{-7}\ C}$$

Exercício 2:

Duas esferas condutoras idênticas carregam cargas q_1e q_2. Colocamos eles em contato e depois os separamos. Determinar as cobrançasq'_1 Eq'_2 eles tomam a direção da transferência de elétrons, bem como o número de cargas transferidas nos seguintes casos:

1. $q_1 = +5.10^{-8}$ C e $q_2 = 0$ C
2. $q_1 = +4.10^{-8}$ C e $q_2 = +9.10^{-8}$ C
3. $q_1 = +2.10^{-8}$ C e $q_2 == -7.10^{-8}$ C

Exercício de solução 2:

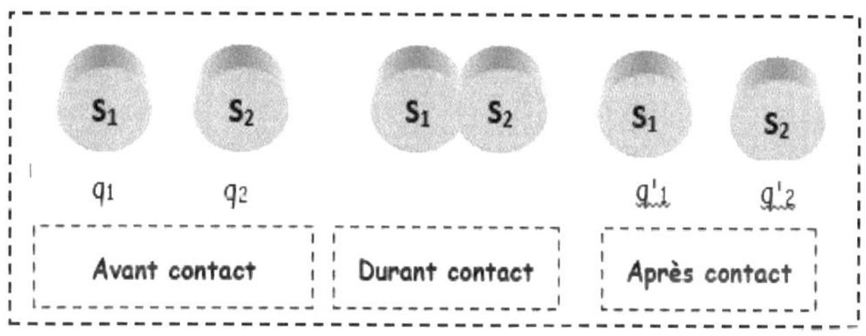

Figure 13

O sistema das duas esferas é isolado então a carga total se conserva:

$$Q_T = Q'_T \Rightarrow q_1 + q_2 = q'_1 + q'_2$$

As duas esferas condutoras são idênticas:

$$q'_1 = q'_2 = q' \Rightarrow q_1 + q_2 = 2q'$$

Por isso:

$$q' = \frac{q_1 + q_2}{2}$$

O número de elétrons transferidos:

$$\boldsymbol{n = \frac{|\Delta q|}{|e|} = \frac{|q'_2 - q_2|}{|e|} = \frac{|q'_1 - q_1|}{|e|}}$$

1. $\boldsymbol{q_1 = +5.10^{-8}(C)}$ **etc** $\boldsymbol{q_2 = 0)}$

$$\boldsymbol{q' = \frac{q_1 + q_2}{2} = \frac{5+0}{2}10^{-8} = 2,5.10^{-8}\,C}$$

A transferência de elétrons ocorre de esfera S_2para esfera S_1.

O número de elétrons transferidos:

$$\boldsymbol{n = \frac{|\Delta q|}{|e|} = \frac{|2,5-0|}{|-1,6.10^{-19}|}10^{-8} = 1,56.10^{11}}$$

2. q1 $\boldsymbol{= +4.10^{-8}C}$ **e q** $\boldsymbol{_2 = +9.10^{-8}C}$

$$\boldsymbol{q' = \frac{q_1 + q_2}{2} = \frac{4+9}{2}10^{-8} = 6,5.10^{-8}\,C}$$

A transferência de elétrons ocorre de esfera $q_1$para esfera S_2.

O número de elétrons transferidos:

$$\boldsymbol{n = \frac{|\Delta q|}{|e|} = \frac{|6,5-9|}{|-1,6.10^{-19}|}10^{-8} = 1,56.10^{11}}$$

3. q1 $\boldsymbol{= +2.10^{-8}C}$ **e q** $\boldsymbol{_2 = -7.10^{-8}C}$

$$q' = \frac{q_1 + q_2}{2} = \frac{2 - 7}{2} 10^{-8} = -2,5.10^{-8}\ C$$

A transferência de elétrons ocorre de esfera S_2para esfera S_1.

O número de elétrons transferidos:

$$n = \frac{|\Delta q|}{|e|} = \frac{|-2,5 - 2|}{|-1,6.10^{-19}|} 10^{-8} = 2,81.10^{11}$$

Exercício 3:

A figura abaixo representa um pêndulo formado por um fio de comprimento l = 10 cm e uma bola de massa m = 9 g carregando uma carga elétrica Q_1= +2. 10^{-8}C. Colocamos a uma distância d = 4 cm desta bola uma carga pontual Q_2= −5. 10^{-8}C. Tomaremos g = 10m/ s^2.

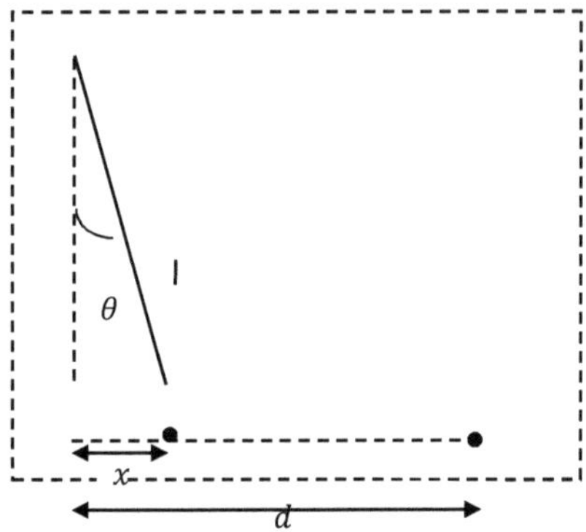

Figure 14

1. Calcule o ângulo θ de inclinação do pêndulo.
2. Calcule a força eletrostática exercida na bola.

Exercício de solução 3:

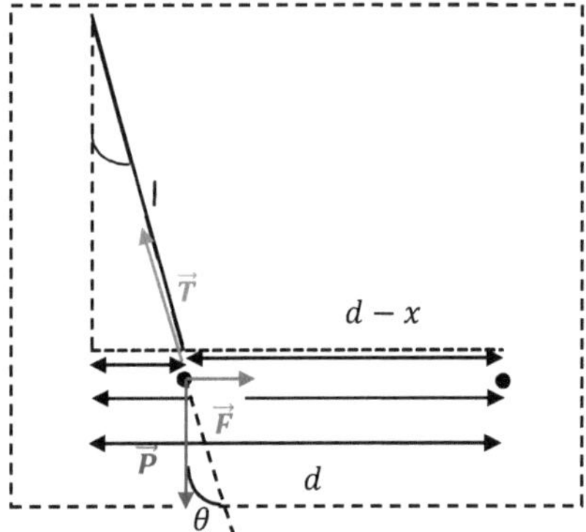

Figure 14

1. O ângulo θ de inclinação do pêndulo

As forças elétricas são atrativas. A aproximação de pequeno ângulo nos permite escrever:

$$\frac{x}{l} = sin\theta = tan\theta = \frac{F}{m.g} \text{ Ou } F = -k\frac{Q_1Q_2}{(d-x)^2}$$

ENTÃO :

$$\frac{x}{l} = -k\frac{Q_1Q_2}{(d-x)^2}$$

$$\Rightarrow (d-x)^2 = -k\,l\frac{Q_1Q_2}{m\,g}\frac{1}{x}$$

$$\Rightarrow x^3 - 2\,d\,x^2 + k\,l\frac{Q_1Q_2}{m\,g}\frac{1}{x} = 0$$

Por isso:

$$x^3 - 8.10^{-2}x^2 + 16.10^{-4}x - 9.10^{-6} = 0$$

A equação é simplificada colocando $x = y.10^{-2}$ (trabalhamos em cm).

Obtemos:

$$y^3 - 8\,y^2 + 16\,y - 9 = 0$$

Notamos que y = 1 é uma solução. A equação então se torna:

$$(y-1)(y^2 - 7\,y + 9) = 0$$

As duas soluções restantes são as de $(y^2 - 7\,y + 9) = 0$. Encontramos:

$$y = \frac{7 \pm \sqrt{13}}{2}$$

Estas três soluções correspondem a x = 1 cm, x = 1,7 cm ou x = 5,30 cm. Vemos que a última solução corresponde a x > d o que contradiz a hipótese do exercício. Além disso, $\theta = arcsin\frac{x}{l}$ = arcsin 0,53° = 32° que não verifica a aproximação $\sin\theta \simeq \theta$.

As duas primeiras soluções são aceitáveis e correspondem aθ diferente ao verificar a aproximação $\sin\theta \simeq \theta$. Escolhemos x = 1cm porque corresponde à melhor aproximação (θ = arcsin 0,1 = 5,7° é o menor).

2. Força eletrostática

Nós escrevemos:

$$\boldsymbol{F} = -\boldsymbol{k}\frac{Q_1Q_2}{(d-x)^2} = \frac{x}{l}\, \boldsymbol{m}\, \boldsymbol{g} = \mathbf{10^{-2}}\ \mathrm{N}$$

Exercício 4:

Considere quatro cargas pontuais colocadas nos vértices de um quadrado de lado a = 2cm e centro 0, conforme mostrado na Figura 15.

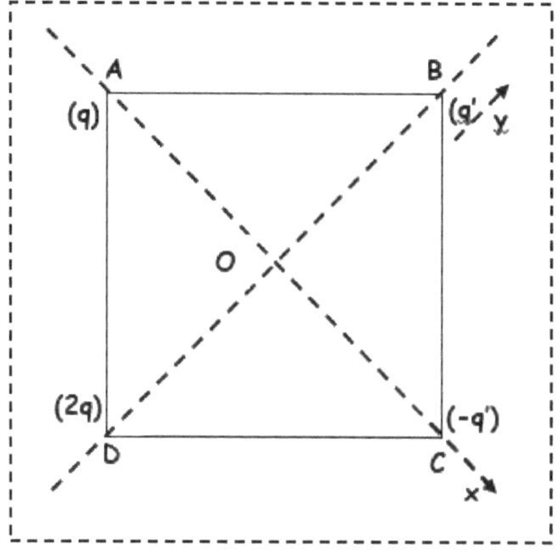

Figure 15

1. Sabendo que a expressão do campo resultante no ponto O é $\overrightarrow{E_o} = 5\vec{\imath} + 6\vec{\jmath}$ (v/m), determine os valores de q e q'.
2. Determine o potencial no ponto O.
3. Colocamos no ponto O uma carga q" = 2 μC . Deduza sua energia potencial e a força exercida sobre ela.

Exercício de solução 4:

1. Os valores de q e q'

Dado que quatro cargas estão na vizinhança do ponto O , então o $\overrightarrow{E_O}$ campo elétrico resultante é a soma dos campos elétricos criados por cada carga. Consequentemente, escrevemos:

$$\overrightarrow{E_O} = \overrightarrow{E_{A/O}} + \overrightarrow{E_{B/O}} + \overrightarrow{E_{C/O}} + \overrightarrow{E_{D/O}}(1)$$

Observe que:

$$OA = OB = OC = OD = \frac{a}{\sqrt{2}}$$

Com :

$$\overrightarrow{E_{A/O}} = 2k\frac{q}{a^2}\vec{\imath}, \overrightarrow{E_{B/O}} = -2k\frac{q'}{a^2}\vec{\jmath}, \overrightarrow{E_{C/O}} = 2k\frac{q'}{a^2}\vec{\imath}, \overrightarrow{E_{A/O}} =$$

$$4k\frac{q}{a^2}\vec{\jmath}$$

Então a expressão (1) torna-se:

$$\overrightarrow{E_O} = \frac{2k}{a^2}(q + q')\,\vec{\imath} + \frac{2k}{a^2}(2q - q')\,\vec{\jmath}(2)$$

De acordo com os dados do exercício, o valor de $\overrightarrow{E_o}$é:

$$\overrightarrow{E_o} = 5\vec{\imath} + 6\vec{\jmath} \text{ (v /m) (3)}$$

Então, as expressões (2) e (3) são iguais. Consequentemente, escrevemos:

$$\begin{cases} \frac{2k}{a^2}(q + q') = 5 \\ \frac{2k}{a^2}(2q - q') = 6 \end{cases}$$

$$\Rightarrow \begin{cases} (q + q') = \frac{10}{9}10^{-13} \\ (2q - q') = \frac{12}{9}10^{-13} \end{cases}$$

$$\Rightarrow \begin{cases} q = 0,81\ 10^{-13}\ (C) \\ q' = 0,29\ 10^{-13}\ (C) \end{cases}$$

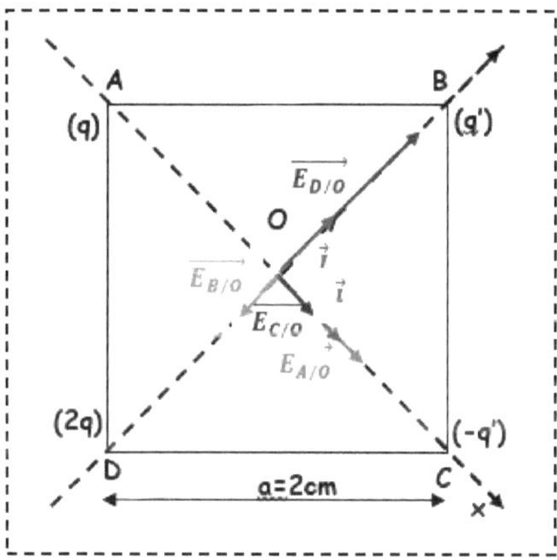

Figure 15

O potencial V_0 no ponto *O*

potencial elétrico V_0resultante no ponto O é a soma dos potenciais V_A, V_B, V_Ce $V_D$criado pelas cargas q , q', -q' e 2q respectivamente. Consequentemente, escrevemos:

$$V_O = V_A + V_B + V_C + V_D$$

Com :

$$V_A = k\frac{q}{a}\sqrt{2}, V_B = k\frac{q'}{a}\sqrt{2}, V_C = -k\frac{q'}{a}\sqrt{2}\text{E } V_D = k\frac{q}{a}2\sqrt{2},$$

O que dá:

$$\boldsymbol{V_O = k\frac{q}{a}3\sqrt{2} = 3,66\ 10^{-2}\text{V}}$$

2. **Colocamos no ponto *O* uma carga *q* ''= 2 μ C. Deduza sua energia potencial e a força exercida sobre ela.**

Nós escrevemos:

$$\begin{cases} E_P = q''V_O = 7{,}33\ 10^{-8}\ J \\ \overrightarrow{F_O} = q''\overrightarrow{E_O} = \ 10^{-5}\ (\vec{\imath} + 1{,}2\,\vec{\jmath})\ N \end{cases}$$

Exercício 5:

Consideramos o sistema de cargas pontuais, mostrado na Figura 16. As cargas q e -q são colocadas nas respectivas coordenadas (0,-a) e (0, a), a carga Q (positiva) tem as coordenadas (0,-a) y) tal que y > 0.

1. Dê a expressão para a força exercida sobre a carga Q colocada no ponto M, calcule-a e desenhe-a em escala; 1cm = 20N.

2. Encontre a ordenada y $_0$ para que a carga -q esteja em uma posição de equilíbrio.

Dados: a=1cm, y=5cm. Q=2. 10^{-6}C,q=3,2. 10^{-6}c.

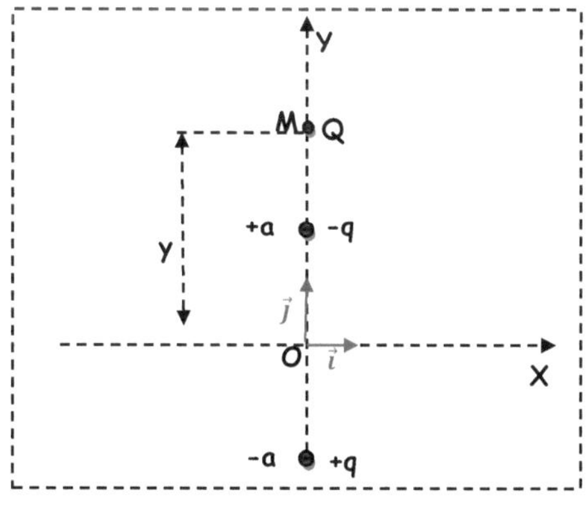

Figure 16

Exercício de solução 5:

1. Determinação e representação de $\overrightarrow{F_M}$:

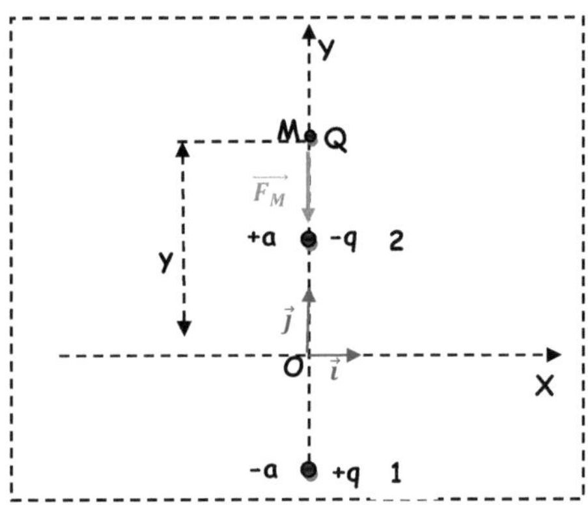

Figure 17

Força elétrica$\overrightarrow{F_M}$ o resultado é a soma das forças elétricas criadas por cada carga no ponto M. Consequentemente, escrevemos:

$$\overrightarrow{F_M} = \overrightarrow{F_{1/M}} + \overrightarrow{F_{2/M}}$$

Com :

$$\overrightarrow{F_{1/M}} = \frac{k\,(-q)\,Q}{(y-a)^2}\vec{j} \text{E} \overrightarrow{F_{2/M}} = \frac{k\,(+q)\,Q}{(y+a)^2}\vec{j}$$

O que dá:

$$\overrightarrow{F_M} = \overrightarrow{F_{1/M}} + \overrightarrow{F_{2/M}} = k\,q\,Q\left(\frac{-1}{(y-a)^2} + \frac{1}{(y+a)^2}\right)\vec{j}$$

$$\boldsymbol{\overrightarrow{F_M}\,(y = 5cm) = -20\vec{j}\,(N)}$$

A força $\overrightarrow{F_M}$ é mostrada na figura 4 com a escala: 1cm →20 N

2. Determinação da posição de equilíbrio:

A carga -q está em equilíbrio na posição y $_0$ ⇨$\vec{F}(y_0) = \vec{0}$

Nós escrevemos:

$$\vec{F}(y_0) = \overrightarrow{F_{M/1}} + \overrightarrow{F_{2/1}}$$

Com :

$\overrightarrow{F_{M/1}} = \frac{k\,(-q)\,Q}{(y-y_0)^2}(-\vec{j})E\overrightarrow{F_{2/1}} = \frac{k\,(-q)\,(+q)}{(y_0+a)^2}\vec{j}$

O que dá:

$$\vec{F}(y_0) = k\,q\left(\frac{Q}{(y-y_0)^2} - \frac{q}{(y_0+a)^2}\right)\vec{j} = \vec{0}$$

$$\Rightarrow q\,(y-y_0)^2 = Q\,(y_0+a)^2$$

$$\Rightarrow \begin{cases} y_{01} = 2{,}69\ cm\ (Retenue) \\ y_{02} = 15\ cm\ (Non\ retenue) \end{cases}$$

$\Rightarrow \boldsymbol{y_0 = y_{02} = 15\ cm}$

Exercício 6:

Uma espira circular com centro O e raio R carrega uma carga positiva Q uniformemente distribuída.

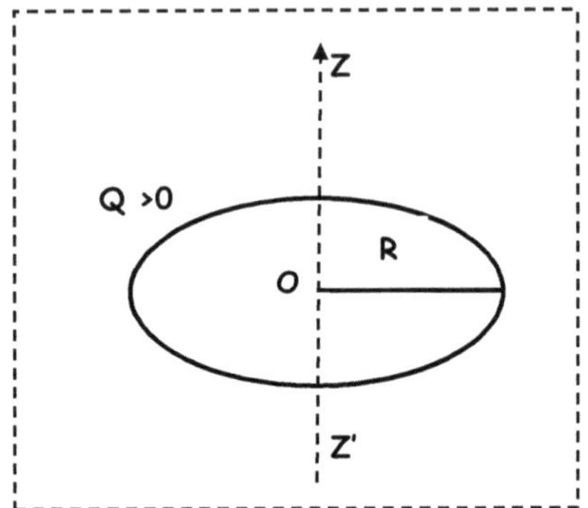

Figure 18

1. Determine a expressão do potencial elétrico ao longo do eixo z'Oz perpendicular ao plano da espira (figura 17).
2. Dê a expressão para o campo elétrico, usando:
   a. Cálculo direto.
   b. A expressão do potencial.

Exercício de solução 6:

1. A expressão do potencial elétrico ao longo do eixo Z'OZ perpendicular ao plano da espira

Com base nos dados do exercício, o loop carrega uma carga $Q > 0$distribuída uniformemente ao longo de todo o comprimento do loop. Nós escrevemos:

$$Q = \lambda . l = \lambda .\, 2\pi R$$

Ao dividir o comprimento $l$do loop em vários elementos, dlcada elemento carregando a carga dq, escrevemos:

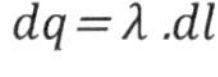

$$dq = \lambda \, .dl$$

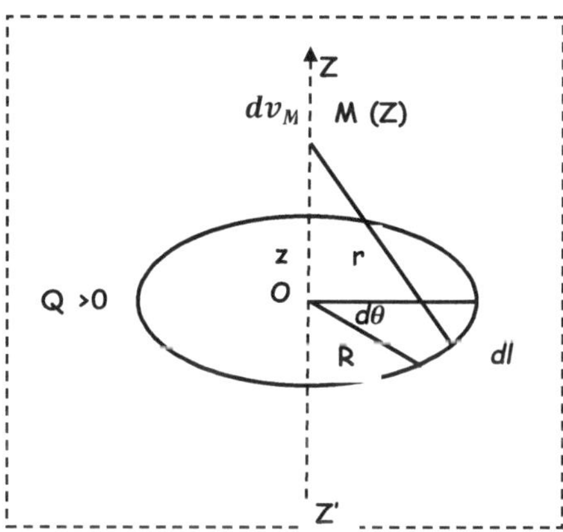

Figure 19

O elemento de carregamento dq criou em M um elemento de potencial dv_mcom :

$$dV_m = k\frac{dq}{r}$$

Observe que:

$$\begin{cases} r = \sqrt{z^2 + R^2} \\ \quad et \\ dl = R.\, d\theta \end{cases}$$

Então escrevemos:

$$\partial V_M = k\frac{\lambda.R.d\theta}{\sqrt{Z^2+R^2}}$$

$$\Rightarrow V_M = \int_l dV_M = \int_0^{2\pi} k\frac{\lambda\, R\, d\theta}{\sqrt{Z^2+R^2}}$$

$$\Rightarrow V_M = k\frac{\lambda\, R}{\sqrt{Z^2+R^2}}\int_0^{2\pi}\partial\theta$$

$$\Rightarrow \boldsymbol{V_M = K\frac{Q}{\sqrt{Z^2+R^2}}}$$

2. A expressão para o campo elétrico, usando:

a. A expressão do potencial

Nós temos:

$$\vec{E}_M = -\overrightarrow{Grad}\, V_M$$

Com :

$$\begin{cases} \vec{E}_M = E_X\vec{i} + E_Y\vec{j} + E_Z\vec{k} \\ \text{et} \\ \overrightarrow{Grad}\, V_M = \frac{\partial V_M}{\partial_X}\vec{i} + \frac{\partial V_M}{\partial_Y}\vec{j} + \frac{\partial V_M}{\partial_Z}\vec{k} \end{cases}$$

DesdeV_M depende apenas de z, então:

$$\overrightarrow{Grad}\, V_M = \frac{\partial V_M}{\partial_Z}\vec{k}$$

ENTÃO :

$$\vec{E}_M = -\frac{\partial V_M}{\partial_Z}\vec{k}$$

$$\Rightarrow \vec{E}_M = -\frac{\partial}{\partial_Z} k\frac{Q}{\sqrt{Z^2+R^2}}\vec{k}$$

$$\Rightarrow \quad \vec{E}_M = k \frac{Q\,Z}{\sqrt{Z^2+R^2}^{\,3/2}} \vec{k}$$

b. A expressão do potencial

Elemento de comprimento dl que carrega o elemento de carga dq criado ao ponto M um elemento de campo elétrico $d\vec{E}_M$, com :

$$d\vec{E}_M = k \frac{dq}{r^2} \vec{u}$$

Por razões de simetria, o campo elétrico $\vec{E}_M$ criado por todo o loop está ao longo do eixo (OZ) , então:

$$d\vec{E}_{m\,(Z)} = dE_M . \cos\alpha$$

$$E_{M\,(Z)} = \int dE_M . \cos\alpha$$

Com :

$$\begin{cases} \cos\alpha = \dfrac{Z}{r} = \dfrac{Z}{\sqrt{Z^2+R^2}} \\ et \\ dl = R.\,d\theta \end{cases}$$

ENTÃO:

$$E_{M\,(Z)} = \int_0^{2\pi} K \frac{\lambda\, R\, d\theta}{Z^2+R^2} . \frac{Z}{\sqrt{Z^2+R^2}} = K \frac{\lambda\, R\, Z}{\sqrt{Z^2+R^2}^{\,3/2}} \int_0^{2\pi} d\theta$$

$$\Rightarrow E_{M\,(Z)} = k \frac{\lambda . 2\pi R\, Z}{\sqrt{Z^2+R^2}^{\,3/2}}$$

$$\Rightarrow E_{M\,(Z)} = k\ \frac{Q\,Z}{\sqrt{Z^2+R^2}^{\,3/2}}$$

$$\Rightarrow \vec{E}_{M\,(Z)} = E_M \vec{k}$$

$$\Rightarrow \vec{E}_{M\,(Z)} = k\frac{Q\,Z}{\sqrt{Z^2+R^2}^{\,3/2}}$$

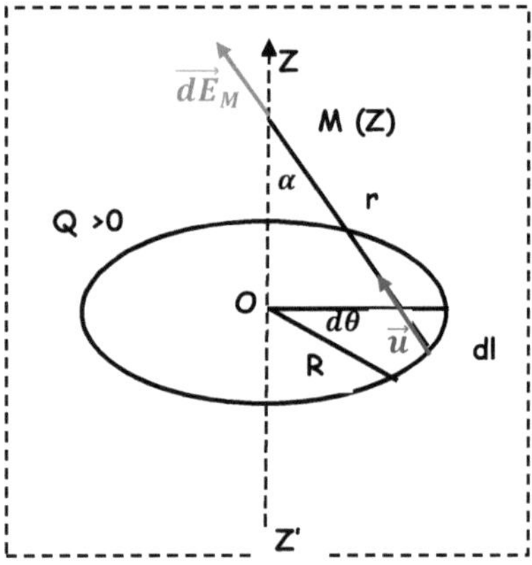

Figure 17

Exercício 7:

É prático aplicar o teorema de Gauss para determinar o campo elétrico nos seguintes casos? Justificar.

1. Um corpo de formato irregular carregado uniformemente.

2. Um fio ou cilindro uniformemente carregado de comprimento finito.

3. Um fio infinito, um plano infinito, uma esfera ou cilindro de comprimento infinito carregado com densidade de carga variável.

4. Um fio ou cilindro uniformemente carregado de comprimento infinito.

Exercício de solução 7:

Comparado ao cálculo direto do campo elétrico $\vec{E}$, o teorema de Gauss pode ser aplicado se as considerações de simetria forem favoráveis, em particular a norma do campo $\vec{E}$é observada em todos os pontos da superfície de Gauss. Por esta razão, não é prático aplicar o teorema de Gauss para a determinação do campo elétrico nos casos: 1 e 2. Por outro lado, pode ser aplicado nos casos 3 e 4.

Exercício 8:

Considere um fio retilíneo de comprimento infinito carregado uniformemente com densidade λ > 0.

1. Calcule os campos e o potencial em qualquer ponto do espaço. Damos V(1) = 0

2. Desenhe as linhas de campo e os equipotenciais. (A superfície gaussiana para um fio reto é um cilindro fechado com o fio no centro).

Exercício de solução 8:

1. A expressão do campo elétrico$\vec{E}$ (r) e o potencial V(r):

a. A expressão do campo elétrico $\vec{E}$ (r):

Por questões de simetria, o campo elétrico criado pelo fio infinito é radial, a superfície gaussiana neste caso é um cilindro fechado de raio r e altura h onde o fio está no centro deste cilindro (figura 18).

Seguindo o teorema de Gauss escrevemos:

$$\emptyset = \oiint \vec{E} \,.\, \overrightarrow{dS} = \frac{\sum_i Q_{int}}{\varepsilon_0}$$

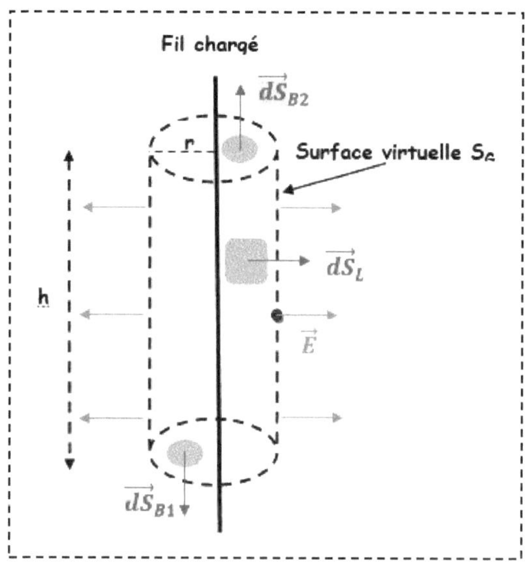

Figure 20

O fluxo total através da superfície gaussiana:

$$\emptyset_{S_G} = \emptyset_{S_{B1}} + \emptyset_{S_{B2}} + \emptyset_{S_L}$$

$$\Rightarrow \quad \emptyset = \oiint \vec{E}\,.\overrightarrow{dS} = \iint_{S_{B1}} \vec{E}.\overrightarrow{dS}_{B1} + \iint_{S_{B2}} \vec{E}.\overrightarrow{dS}_{B2} + \iint_{S_L} \vec{E}.\overrightarrow{dS}_L$$

Como $(\vec{E} \perp \overrightarrow{dS}_{B1})$ e $(\vec{E} \perp \overrightarrow{dS}_{B2})$ porque o campo é radial, então:

$$\iint_{S_{B1}} \vec{E}.\overrightarrow{dS_{B1}} = \iint_{S_{B2}} \vec{E}.\overrightarrow{dS_{B2}} = 0$$

E como ($\vec{E} // \overrightarrow{dS_L}$)e no mesmo sentido, então:

$$\iint_{S_L} \vec{E}.\overrightarrow{dS_L} = E(r).dS_L$$

Obtemos portanto:

$$\emptyset = \oiint \vec{E}.\overrightarrow{dS} = E(r).dS_L$$

Por isso:

$$\boldsymbol{\emptyset = E(r).2\pi rh(1)}$$

Dentro da superfície de Gauss a carga é transportada pelo fio (distribuição uniforme):

$$\boldsymbol{\sum_i Q_{int} = \lambda . l = \lambda . h(2)}$$

Das equações (1) e (2):

$$E(r).2\pi.r.h = \frac{\lambda.h}{\varepsilon_0}$$

Então o campo criado pelo fio em qualquer ponto do espaço é:

$$\boldsymbol{\vec{E} = \frac{\lambda}{2\pi\varepsilon_0 r}\vec{u}_r}$$

b. Expressão do potencial elétrico

Sabemos que:

$$\vec{E} = -\overrightarrow{grad}\, V$$

Com :

$$\overrightarrow{grad}\, V = \frac{\partial V}{\partial_r}\vec{u}_r + \frac{1}{r}\frac{\partial V}{\partial_\theta}\vec{u}_\theta + \frac{\partial V}{\partial_z}\vec{k} = \frac{\partial V}{\partial_r}\vec{u}_r$$

Desde$V$ depende apenas de r, então:

$$\overrightarrow{grad}\, V = \frac{\partial V}{\partial_r}\vec{u}_r$$

ENTÃO:

$$dv = -E.dr$$

$$\Rightarrow \int dv = -\int E.dr$$

$$\Rightarrow V(r) = -\frac{\lambda}{2\,\pi\,\varepsilon_0}\int \frac{1}{r}\, d_r$$

$$\Rightarrow \boldsymbol{V(r)} = -\frac{\lambda}{2\,\pi\,\varepsilon_0}.\boldsymbol{Ln\, r + C}$$

Se considerarmos (r = 1) o potencial elétrico V é zero (V(1) = 0), então:

$$V(1) = -\frac{\lambda}{2\,\pi\,\varepsilon_0}.Ln1 + C$$

$$\Rightarrow C = 0$$

Portanto, o potencial criado por um fio reto de comprimento infinito é

$$V(r) = -\frac{\lambda}{2\,\pi\,\varepsilon_0}.\,Ln\,r$$

2. Linhas de campo e equipotenciais

As linhas do campo: linhas radiais que saem do fio, perpendiculares às superfícies equipotenciais.

Superfícies equipotenciais: cilindros coaxiais, com eixos coincidentes com o fio (ver figura 19).

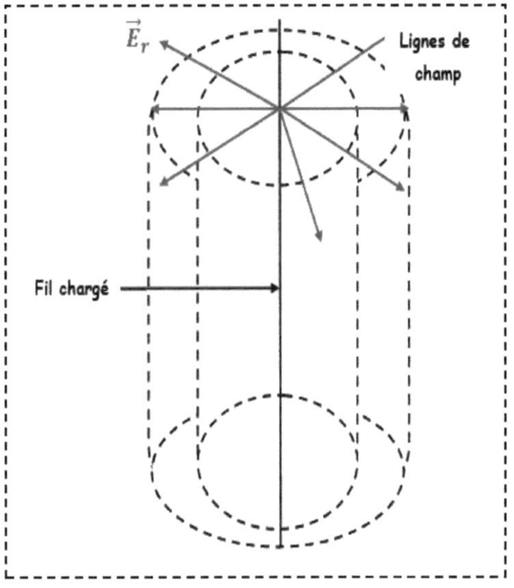

Figure 21

Exercício 9:

Uma esfera de raio R carrega uma carga positiva cuja densidade de volume depende apenas da distância do seu centro tal que:$\rho = \rho_0 \left(1 - \frac{r}{R}\right)$ ou ρ_0é constante.

Determinar o campo elétrico $\vec{E}$ em todo o espaço, e qual a distância $r_m$máxima deste campo.

Exercício de solução 9:

1. **A expressão do campo elétrico $\vec{E}\,(r)$em todo o espaço :**

A esfera é carregada em volume com uma densidade de volume variável.

Por razões de simetria, o campo criado por esta distribuição de carga é radial e a superfície gaussiana é uma esfera de raio r e com o mesmo centro da esfera real.

Aplicando o teorema de Gauss escrevemos:

$$\emptyset = \oiint \vec{E}\,.\overrightarrow{dS} = \frac{\sum_i Q_{int}}{\varepsilon_0}$$

Existem duas zonas:

- **Zona I, r < R**

O campo elétrico é radial e centrífugo, porque a carga é positiva

$$\rho = \rho_0 \left(1 - \frac{r}{R}\right)$$

ENTÃO:

$$\emptyset = \iint_{S_G} \vec{E}.\overrightarrow{dS}$$

$$\Rightarrow \emptyset = E.S_G$$

$$\boldsymbol{\emptyset = E.4\pi.r^2\,(1)}$$

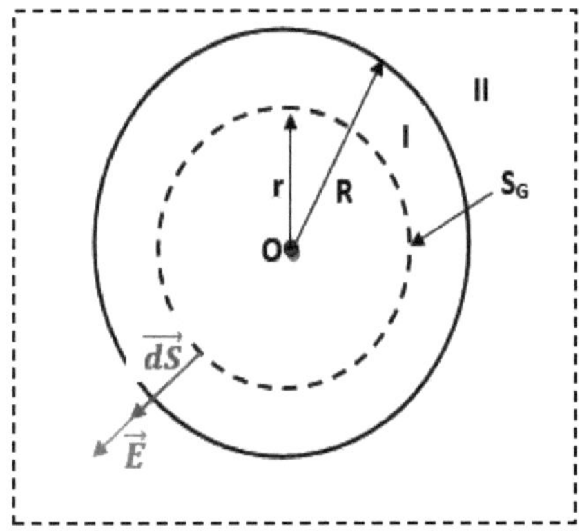

Figure 22

A distribuição de carga é volumétrica:

$$Q_{int} = \iiint_{S_G} \rho . dv$$

$$\Rightarrow Q_{int} = \iiint_{S_G} \rho_0 \left(1 - \frac{r}{R}\right) . dv \qquad (2)$$

Como a distribuição de carga é radial:

$$dv = 4\pi . r^2 . dr$$

Então a expressão (2) torna-se:

$$Q_{int} = \iiint_{S_G} \rho_0 \left(1 - \frac{r}{R}\right) . 4\pi . r^2 . dr$$

$$\Rightarrow Q_{int} = 4\pi . \rho_0 \left[\int_0^r r^2 . dr - \int_0^r \frac{r^3}{R} . dr\right]$$

Por isso:

$$\boldsymbol{Q_{int} = 4\pi . \rho_0 \left[\frac{r^3}{3} - \frac{r^4}{4R}\right]} \qquad (3)$$

Seguindo o teorema de Gauss escrevemos:

$$\emptyset = \oiint \vec{E} . \overrightarrow{dS} = \frac{\sum_i Q_{int}}{\varepsilon_0}$$

Das equações (1) e (3):

$$E . 4\pi . r^2 = \frac{4\pi . \rho_0}{\varepsilon_0} \left[\frac{r^3}{3} - \frac{r^4}{4R}\right]$$

Então o campo criado pela esfera na zona I (r < R) é :

$$E = \frac{\rho_0}{\varepsilon_0}\left[\frac{r}{3} - \frac{r^2}{4R}\right]$$

- **Zona II, r ≥R**

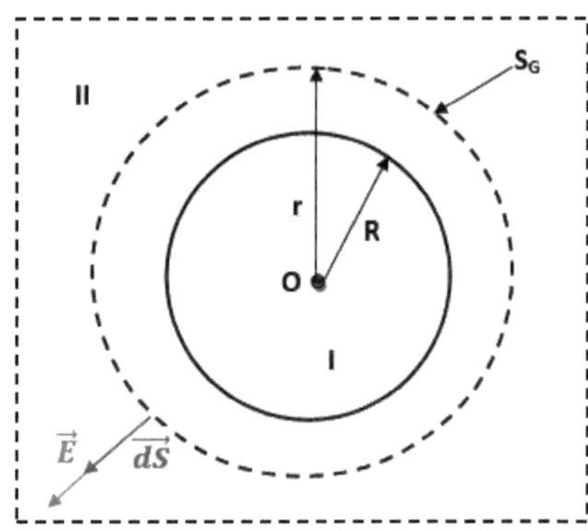

Figure 23

Da mesma forma, calculamos o fluxo, escrevemos:

$$\emptyset = \iint_{S_G} \vec{E}.\overrightarrow{dS}$$

$$\Rightarrow \emptyset = E.S_G$$

$$\emptyset = \boldsymbol{E.4\pi.r^2}(4)$$

A distribuição de carga é volumétrica (a carga é distribuída no volume da esfera real (r varia de 0 a R):

$$Q_{int} = \int_0^R \rho_0 \left(1 - \frac{r}{R}\right). 4\pi. r^2. dr$$

$$\Rightarrow Q_{int} = 4\pi. \rho_0 \left[\int_0^R r^2. dr - \int_0^R \frac{r^3}{R}. dr\right]$$

$$\Rightarrow Q_{int} = 4\pi. \rho_0 \left[\frac{R^3}{3} - \frac{R^4}{4R}\right]$$

Por isso:

$$\boldsymbol{Q_{int} = \pi. \rho_0 \frac{R^3}{3} \qquad (5)}$$

Seguindo o teorema de Gauss escrevemos:

$$\emptyset = \oiint \vec{E}\,.\overrightarrow{dS} = \frac{\sum_i Q_{int}}{\varepsilon_0}$$

Das equações (4) e (5):

$$E. 4\pi. r^2 = \frac{\pi. \rho_0. R^3}{3. \varepsilon_0}$$

Então o campo criado pela esfera na zona II ($r \geq R$) é :

$$\boldsymbol{E = \frac{\rho_0. R^3}{12. \varepsilon_0}\left[\frac{1}{r^2}\right]}$$

Então o campo criado pela esfera em qualquer ponto do espaço é dado por:

$$\vec{E}(r) = \begin{cases} \dfrac{\rho_0}{\varepsilon_0}\left[\dfrac{r}{3} - \dfrac{r^2}{4R}\right].\vec{u}_r, r < R \\ \dfrac{\rho_0.R^3}{12.\varepsilon_0}\left[\dfrac{1}{r^2}\right].\vec{u}_r, r \geq R \end{cases}$$

2. Calcule a distância $r_m$onde o campo é máximo:

O máximo do campo elétrico é onde sua derivada é cancelada pela mudança de sinal:

	Zone I			Zone II
r	0	$\frac{2}{3}R$	R	∞
$\frac{dE}{dr}$	+	0	-	-
E (r)	0 ↗	$\frac{\rho_0.R}{12.\varepsilon_0}$ ↘	$\frac{\rho_0.R}{12.\varepsilon_0}$ →	0

De acordo com esta tabela de variação o campo é máximo para:

$$r_m = \frac{2}{3}R$$

Referências bibliográficas

[1] Dr. Yedjour , Dr. H. Aouabdi-Settaouti , Eletricidade, Universidade de Ciência e Tecnologia de Oran, Mohamed Boudiaf USTO-MB. Argélia, - 2016/2017.

[2] Sr. Abdeladim Mustapha, Apostila do Curso de Física 2, Universidade de Ciência e Tecnologia de Oran, Mohamed Boudiaf, Argélia, - 2015/2016.

[3] M.Berlin , JP Faroux e J. Renault, "Eletromagnetismo 1, Eletrostática", Dunod, 1977.

[4] Dr. Khene , Conceito Básico de Eletricidade, Eletrostática, Eletrocinética, Eletromagnetismo, Lembretes de curso e exercícios corrigidos – OPU.

[5] E. Amzallag , J. Cipriani, J. Ben Naim e N. Piccioli "A física de Fac, Eletrostática e Eletrocinética" 2ª Edição, Edi-Science, 2006.

[6] Pr. M. Chafik El Idrissi, Exercícios do curso de Eletricidade e problemas corrigidos, Faculdade de Ciências, Universidade Ibn Tofail . Quenitra.

[7] A. Fizazi , "Eletricidade e Magnetismo", OPU, 2012.

[8] Série de tutoriais "Eletricidade" e Exames, Universidade de Ciência e Tecnologia Abd El Hamid Ibn Badis, Mostaganem 2015-2020.

[9] Mahmoud Hachemane, Exercícios de eletricidade com soluções, Faculdade de Física, USTHB, 2014.

Printed by Books on Demand GmbH, Norderstedt / Germany